妈咪轻松做！

给宝贝的独一无二布手作

U0311015

阿布豆·黄思静
幸福咩咩

/ 合著

光明日报出版社

图书在版编目（CIP）数据

妈咪轻松做！：给宝贝的独一无二布手作/阿布豆·
黄思静，幸福咩咩著.－－北京：光明日报出版社，
2014.10
ISBN 978-7-5112-7252-2

Ⅰ.①妈… Ⅱ.①阿… ②幸… Ⅲ.①布料—手工艺
品—制作 Ⅳ.①TS973.5

中国版本图书馆CIP数据核字（2014）第211720号

著作权合同登记号：图字01-2014-6361

本书中文简体版于2014年经帕斯顿数位多媒体有限公司安排授权并由
光明日报出版社在中国大陆地区出版发行。

妈咪轻松做！给宝贝的独一无二布手作

著　　者：阿布豆·黄思静　幸福咩咩

责任编辑：李　娟　　　　　　　策　　划：多采文化
责任校对：王东明　　　　　　　封面设计：百朗文化
责任印制：曹　净

出版方：光明日报出版社
地　址：北京市东城区珠市口东大街5号，100062
电　话：010-67022197（咨询）　　传　真：010-67078227，67078255
网　址：http://book.gmw.cn
E－mail：gmcbs@gmw.cn　lijuan@gmw.cn
法律顾问：北京天驰洪范律师事务所徐波律师
广告经营许可证：京西工商广字第8134号

发行方：新经典发行有限公司
电　话：010-62026811　　E－mail：duocaiwenhua2014@163.com

印　刷：北京艺堂印刷有限公司
本书如有破损、缺页、装订错误，请与本社联系调换

开　本：787×1092　1/16
字　数：120千字　　　　　　　印　张：7.5
版　次：2014年10月第1版　　　印　次：2014年10月第1次印刷
书　号：ISBN 978-7-5112-7252-2

定　价：36.00元

contents

用手作，
留下孩子的纯真印记……

孩子健康快乐地成长，是父母的殷殷期盼。
看着孩子一天一天的长大，就想为他们做得更多。

担心他们生病、担心他们学习、担心他们欺负同学、担心他们被同学欺负。希望在他们的童年里可以多花些时间来陪伴他们，在与孩子相处的时光中可以一起动手作些什么。

想当初，除了布作是我最大、最实用的兴趣之外，孩子也是让我毅然决然走入这行的原因之一，如今，看着孩子日益茁壮，更想在孩子不同的成长阶段留下纪录。

每当看到吐司妹、汉堡弟的画作，都会觉得孩子画得好可爱，老师也总是认真地集结成册，方便家长收藏起来。这些画作，虽然经过了学校的整理，但常常是看完后，就放到床底下。

我总是在想，能将孩子的作品再加工做成什么呢？

在一个机缘下，因为编辑的邀约，于是，这样一本以亲子为主题的手作书应运而生……

你是不是有过把孩子的作品收藏起来，却不知道要用来做什么？
你是不是也有过在向朋友炫耀自家孩子的杰作时，却常常找不到东西？
或者，在与孩子相处的时候，不知道一起可以做些什么？

没关系！这本书将会告诉你，孩子的可爱画作可以用来做些什么，让你在伴随孩子成长的同时，也可以为孩子留下纯真的绘画记录。

希望，大家都能亲手和孩子共度快乐幸福的时光！

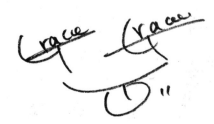

手作
让我找到了幸福与快乐！

始终觉得，孩子来到这个世界，就像初生的嫩绿幼芽，应该在自由的空气、和煦的阳光，以及充满着爱的环境中长大。

所以当自己的孩子出生后，总是希望能够有多一点的时间陪伴他。手作，成为了我跟孩子很好的沟通桥梁，让孩子动手制作属于自己的东西，不仅可以启发创意、培养品格，而且还能无形地增进彼此的感情。

家里只有一个宝贝——博玄，从小就喜爱绘画的他，常常都会把图画本涂得五颜六色，而我也常常教他如何制作手作娃娃。原本以为男孩应该对手作没有什么兴趣，但是当我看到他很认真的一针一线地缝制，很兴奋的完成一个属于自己的作品时，真的为他感到无比的高兴，我想这对我来说就是最大的幸福吧！

原本在出版社担任行政人员的我，工作非常忙碌，长期下来身体发出严重的抗议，甚至开始让我思考，是不是该转换职业呢？因缘际会接触了袜子娃娃后发现，原来袜子可以制作成那么多丰富可爱的布偶，越做越有兴趣，便全心投入到了手作的行列。

最终，大大小小的手作市集取代了原本一成不变的生活圈。摆摊时常常看到客人对着琳琅满目的可爱布偶会心微笑，也常常看到大手牵小手的亲子档、情侣、学生们来买礼物时的欢乐。

希望，借由我的作品，可以带给你们幸福快乐。我想，透过手作传达的温暖，是其他精致商品所无法取代的！

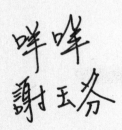

动动手前的小准备

想进入缝纫的手作世界中，其实并没有你想象的那么难！这次，书中作品都只要手缝就能完成，只要抱着轻松的心情，一步步跟着做，绝对能完成它！在进入实际制作之前，有些最基础必备的工具和小常识，初学者一定要先看仔细喔。

简单好用的基础工具

缝纫必备三大工具，只要针、线、剪刀就万事 OK！
不过，有些小工具，有了它还真能省事不少喔！

剪刀

一般剪刀即可，但要和剪纸用的剪刀分开，若布料厚，须购买专用布剪。

熨斗

烫布料和烫布衬的必备工具。

线剪

用于剪线，也可用于牙口和细微布料的修剪。

水消笔

用于临时图案的标写，遇水可迅速且干净的消去痕迹，是画布的超好用记号笔。

珠针

珠针建议选购机缝专用的细珠针，除可使用于缝纫机，也不易在布料上留下孔洞。

手缝针

有长短针和粗细针之分。布料粗就要使用粗针，长短则依个人习惯选择。

手缝线

根据布料的材质和颜色选择合适的手缝线。

椎子

可用来穿洞或挑整边角。

拆线器

拆线的好帮手，能避免划破布料。

粉土笔

画在浅色布、深色布上都好辨别，清晰度比水消笔好，用橡皮即可擦拭笔迹。

-Tips-
牙口即将两片布缝合以后，在圆弧或尖角的地方剪一个小口子，但不要剪断缝线，剪了牙口后，布翻过来不会皱皱的。

材质各异的各式布料

喜欢动手玩布的人愈来愈多，买布的地方除了批发市场，
还有网络购物，都很方便喔！
现在就来看看，书中用了哪些材质的布料。

不织布

有软质和硬质，建议使用硬质，较不易起毛球、坚挺度也比较好。

颗粒布

表面为颗粒球状，有仿绵羊毛效果，是做布偶的常用布料之一。

刷毛布

触感柔软的刷毛布暖度极佳，略有弹性，常用在布偶、毯子中。

棉布／棉麻／帆布

布料种类繁多，这三种材质的布料是最主要且常用的，棉布质感轻软较薄；棉麻是棉和麻纱混纺，因棉和麻纱的比例多寡，布料触感也会不同；帆布为纯棉制，厚度较高。

> Tips
> 书中，材料准备的布料尺寸中，→代表横布（多与布边垂直），依横布方向拉扯，布料略有弹性；↓代表直布（多与布边平行），依直布方向拉扯，布料无弹性。

布衬种类的不同烫法

布衬可以增加薄布料的坚挺度，也可以避免棉麻或纱布变形须边，
可视情况加上布衬。布衬依厚度可分为：
薄布衬、厚布衬、铺棉，裁剪时可比表布小 0.7 cm（缝份）。

Tips
布衬背面有微量颗粒感，此面是粘胶，
摸起来比较粗糙；铺棉则有无胶、单
胶、双胶之分，书中布杂货皆使用单
胶铺棉，布偶系列则使用无胶铺棉。

薄布衬

烫法：

1　将薄布衬的胶面对着布料背面置中摆放。
2　薄布衬较薄，直接用熨斗烫会让胶溢出，所以要隔一张白纸烫。
3　先压烫中间定位，再提起熨斗每次依序往左约半个熨斗的距离压烫，再移往右半边压烫。
4　刚烫的布衬胶未冷却固定，先不要移动，可用大理石的纸镇来加速冷却。

-Tips-

如果不小心让胶沾到熨斗，可以趁热在熨斗的金属板上喷水，再用不要的棉布擦干净即可。

How to make

厚布衬

烫法：

1　将厚布衬的胶面对着布料背面置中摆放。
2　先压烫中间定位。
3　提起熨斗每次依序往左约半个熨斗的距离压烫，再移往右半边压烫。
4　刚烫的布衬胶未冷却固定，先不要移动，静置冷却。

-Tips-

烫衬或铺棉时，要把熨斗提起压烫，切记不能直接移动，否则衬或铺棉会歪掉。

How to make

单胶铺棉

烫法：

1　将铺棉的胶面对着布料背面置中摆放。如图用珠针固定四个边角。
2　翻到布料正面先压烫中间定位，再提起熨斗每次依序往左约半个熨斗的距离压烫，再移往右半边压烫。
3　刚烫的铺棉胶未冷却固定，先不要移动，可用大理石纸镇来加速冷却。

-Tips-

烫铺棉一定要从布料正面烫，如果从铺棉烫下去，整个铺棉会被高温烫扁。

How to make

手缝常用的必学针法

手缝的针法不少，这里列出六种最基础必学的实用针法，
一一以图解方式示范，一定要学会喔。

〔始缝结〕

起针的打结方式。

〔止缝结〕

收尾的打结方式。

〔平针缝〕

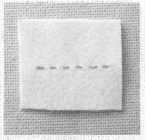

最常用的针法，常用在固
定布料、两布拼接、疏缝
或缩口缝。

〔回针缝〕

比平针缝更牢固的缝法，若每次只回半针，表面会有线距，即为半回针缝。

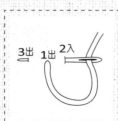

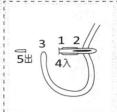

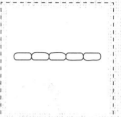

Tips

缝纫机的车线即为回针缝。书中若以机缝车线，手缝则可用回针缝代替。

〔藏针缝〕

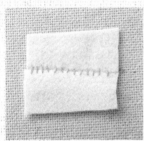

缝合后表面几乎看不到缝线，多用在两布或布偶的手、脚、头、身接合处。

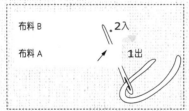

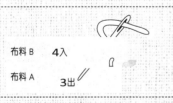

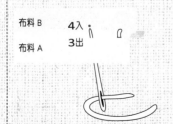

〔卷针缝〕

可用在两片布料的接合处，或布边的补强处理。

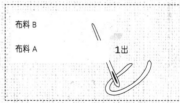

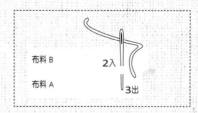

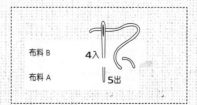

Part 2

一起玩!
手感生活布杂货

made by 阿布豆 · 黄思静

妈妈的手，就像魔术师的手……

细心地用针线，为宝贝缝制特制的布小物。

拥有两个小宝贝的思静老师，

巧妙的运用彩绘、刺绣、印章等技法，

让小朋友的画作延伸到妈妈的作品中，

完成一件件与宝贝共同创作的布杂货！

阿布豆・黄思静

因为从小对缝纫深深着迷，总是到处研习缝纫课程，婚后在父母与丈夫的支持下，决定辞去稳定的工作，除了希望能够多点时间照顾刚刚出生的宝贝外，也希望将兴趣化作职业。成立阿布豆工作室，期许自己能像不倒翁一样，有打不倒的意志力，更希望通过布包缝纫来推广教学，让更多人享受动手做的无限乐趣！

Blog：http://tw.myblog.yahoo.com/sweet-hause/
Online Store：http://shop2000.com.tw/abudou

爱写字拉链笔袋

上学必备！用针线在帆布上绣出喜欢的文具图案，
简单的造型中，也能有属于自己的色彩

How to make　　　page.46
Finished Size　　　W21cm×H10cm

 # B 读书人布书衣

为心爱的书本打造专属的布书衣，环保又兼具个人风格，
搭配立体手绘书签夹，可爱又实用！

How to make ▶▶▶ page.48
Finished Size ▶▶▶ W16cm×H23cm×D2cm

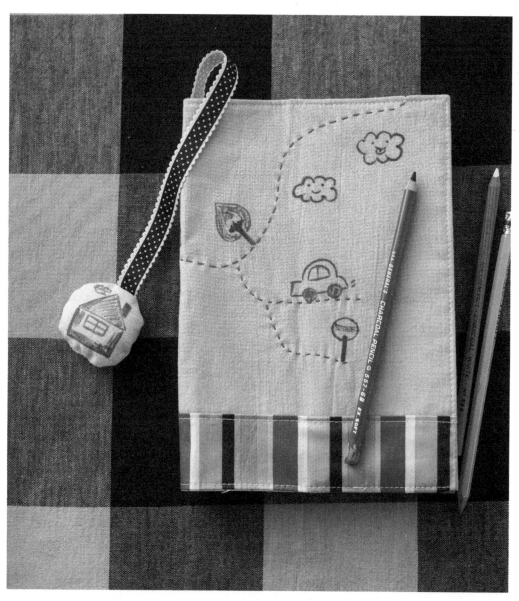

 餐桌隔热垫&方块杯垫

简单地在布制品中夹入铺棉，设计出喜爱的图案，居家生
活用品也能很有趣味性。

How to make ▶▶▶ page.34&page.35
Finished Size ▶▶▶ W22cm×H22cm
Finished Size ▶▶▶ W9cm×H9cm

一起玩！手感生活布杂货
made by 阿布豆·黄思静

居家面纸抽抽袋

选一块素净的布料，用印泥盖上花样，
瞬间渲染出雅致的印花布效果！
小的巧思就能带来大的改变。

How to make ▶▶▶ page.36
Finished Size ▶▶▶ W35cm×H19cm

E

小厨师亲子围裙&小厨娘头巾

一起做一件可爱的围裙吧！搭配小孩涂鸦的手作围裙，
让宝贝们从小培养乐于做家事的好习惯！

How to make ▶▶▶ page.38
Finished Size ▶▶▶ W74cm×H51.5cm
Finished Size ▶▶▶ W84cm×H74cm

How to make ▶▶▶ page.42
Finished Size ▶▶▶ W102cm×H35cm
Finished Size ▶▶▶ W100cm×H33cm

一起玩！手感生活布杂货
made by 阿布豆·黄思静

 F 熊宝宝后背包

带着熊宝宝一起去郊游！
在后背包的盖子上彩绘想要的小熊表情，
在熊宝宝肚子里装入小零食，背着它一起去玩吧！

How to make ▶▶▶ page.43
Finished Size ▶▶▶ W28cm×H26cm×D4cm

我们一起去野餐吧！

G 小猪仔噗噗提袋

双面的小猪仔噗噗提袋，
一面可以让宝贝发挥创意涂鸦；
另一面则是俏皮的小猪造型，
按下小猪身体还会有噗噗声响。

How to make ▶▶▶ page.50
Finished Size ▶▶▶ W38cm×H25cm

勾勾手水壶袋

小人儿造型水壶袋！
牵起双手就能变成手提带，
趣味的造型无论大人或小孩都爱不释手。

How to make ▶▶▶ page.53
Finished Size ▶▶▶ W9cm×H20cm×D9cm

I

托特束口便当袋

经典不败的托特包，加入束口设计与铺棉，
还有宝贝涂鸦的布面图案，
让你天天提出好心情。

How to make   page.56
Finished Size   W31.5cm×H15.5cm×D14.5cm

J 音乐家尤克里里袋

小小音乐家登场！
席卷全台的尤克里里风持续燃烧，
赶快帮尤克里里打造专属的手提袋吧！

How to make ▶▶▶ page.59
Finished Size ▶▶▶ W20cm×H57cm×D9.5cm

复制宝贝的童趣画作

小朋友每个阶段的涂鸦都代表着童年的纯真印记，除了可以保存绘画纸本外，还可以把这充满回忆的涂鸦转换到布料上。现在就开始复制宝贝的童稚色彩吧！

>>**材料&工具准备**
  素色布料、布用复写纸、描图铁笔、塑料袋

How to make ·····

1 准备好布用复写纸、描图铁笔、塑料袋。

2 素色布料与布用复写纸正面相对，依次放上有涂鸦的画纸和塑料袋，用描图铁笔在塑料袋上描出轮廓。

3 完成复写的布料可依喜好用颜料彩绘，或用回针缝绣出轮廓。

盖盖印章玩出布花样

盖印章——是大小朋友都喜欢的游戏，其实，只要运用布用印泥，就能把素色的布料瞬间变成印花布。

>>**材料&工具准备**
　素色布料、布用印泥、印章、棉签

How to make ·····

1　用手拿印泥，轻拍印章来附上颜料。

2　用棉签清除印章边缘的余墨。

3　印章用力均匀的盖在布料正面即完成。

Tips
盖好印章的布料待干燥后，可隔白纸用熨斗熨烫定色。
除了可以盖出印花布之外，还可以搭配英文字母印章，盖出专属的布标喔！

彩绘你的专属涂鸦布

除了可以让小朋友在纸上画画，还可以把纸笔换成布料和布用彩绘笔，在布料上发挥创造力，做出一块块专属的个性化涂鸦布！

>>**材料&工具准备**
　素色布料、布用彩绘笔或布用颜料

How to make⋯⋯⋯

1　用复写纸复制涂鸦轮廓（可视小朋友年龄大小，省略此步骤）。

2　用手边的彩绘笔上色。

3　静置待颜料干燥，用熨斗隔白纸熨烫定色。

4　独一无二的彩绘涂鸦布即完成。

绘布素材特搜

市面上有许多彩绘布料专用的彩绘笔和颜料，网上是寻找这类素材的好地方。

布用麦克笔

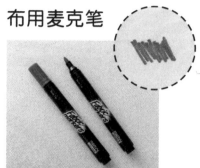

色泽较饱满，若想多色叠用，叠色前要确保重叠处的前色已干燥。

布用彩色笔

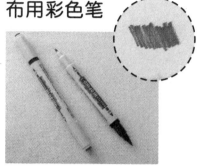

色彩较具透明度，有类似水彩的效果，笔头设计除了硬刷头外，也有类似毛笔的软刷头。

布用蜡笔

画好以后要隔着一张白纸，用熨斗平压熨烫，压烫时不能让白纸移位，否则蜡笔颜色会沾印，烫过之后蜡笔与布料才会结合。

布用颜料

布用颜料用法和一般颜料相同，也可用水稀释浓度后再使用，有类似油画和压克力颜料的效果。压克力颜料虽然也能用在布料上，但它比较容易出现龟裂的情况。

油漆笔

油漆笔适用于布料、金属、玻璃、塑料等材质，用在布料时，建议可选购其他材料比较无法展现的金属色系，例如：金色和银色。

---Tips---

* 布用彩绘笔或颜料需使用在自然纤维的布料上，如棉、麻或无上浆的帆布，其中棉布效果最好。

* 彩绘时要确保布料是干燥的，若画在潮湿的布料，颜色会晕开，布用麦克笔、彩色笔和颜料类，叠色前须确认重叠处前色已干燥，否则容易晕染。

* 这些材料除了用在布料上，也可直接用在衣服、布包、帽子或者布鞋上。

* 彩绘过的布料干燥后，都要先用熨斗隔白纸熨烫定色，如果需要清洗，建议要在上色后2～3天再下水。

亮片胶水笔

彩绘泡泡笔

彩绘胶水笔

除了一般布用彩绘笔和颜料，也有立体效果的特殊材料，也因为颜料较有厚度，干燥时间至少要8～12小时。其中，泡泡笔在干燥后，要用吹风机近距离定点加热，待颜料膨胀发泡即可。

刺绣&贴布绣拼贴趣

用针线在布料上刺绣，是非常古老传统的技法，刺绣的针法非常多，但这次书中只使用最简单的平针缝或回针缝来绣出线条，其实光这项基础针法，就能让布料增添很不一样的质感啰！而运用布料制作图样，用手缝或机缝固定在布料上，就是贴布绣。它是拼布必学技法，这里教你用奇异衬辅助，是最初阶段入门的贴布绣技法。

刺绣

>> 材料&工具准备
    素色布料、针、线

>> 做法
    参见P14~15，用平针缝或回
    针缝绣出线条轮廓即可。

贴布绣

>>**材料&工具准备**

素色布料、花布、奇异衬、熨斗

How to make

1 将奇异衬的胶面与花布背面相对，用熨斗烫合。

2 在奇异衬纸上摆上纸型，描出想要的图样。

3 沿着描线剪下花布。

4 将奇异衬的胶纸撕下，放在素色布料上，用熨斗压烫固定。

5 用机缝或手缝（回针缝）方式，沿着图样边缘缝一圈。

6 完成贴布绣。

Tips

* 利用奇异衬除了能固定图样花布、方便缝线固定之外，还能避免图样布须边。
* 利用贴布绣技法，除了能借由裁剪花布设计图样外，还能剪下手边的图案布花样，直接车缝在布料上装饰，玩法很多元。

技法运用范例

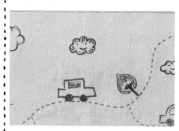

▶▶▶page.20 **餐桌隔热垫**

☆符号表示可依附录纸型裁剪

>>材料准备

●表布

☆表布正→棉麻　→23.5 cm　×↓23.5 cm　× 1片

☆表布底→咖啡　→23.5 cm　×↓23.5 cm　× 1片

☆点点布　　　　→3 cm　　×↓9 cm　　× 2片

●铺棉

单胶铺棉　　　22 cm　× 22 cm　× 1片

●奇异衬

奇异衬　　　　3 cm　　×9 cm　　× 2片

How to make

1　棉麻表布烫上铺棉，用回针缝绣上螺旋图样。

2　将奇异衬烫在点点布背面。

3　依纸型，分别剪下汤匙和叉子造型。

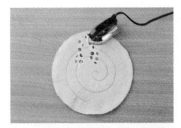

4　撕下奇异衬胶纸，摆在表布正面，用熨斗压烫固定。

5　沿着汤匙和叉子边缘车缝一圈。

6　咖啡表布底和棉麻表布正面相对，沿棉麻表布外围车缝一圈，留返口。

▶▶▶page.20 方块杯垫

>>材料准备
●表布
　　表布→棉麻　　　→10cm × ↓10cm × 2片

●铺棉
　　单胶铺棉　　　8.5cm × 8.5cm × 1片

How to make ------------------

杯垫做法同隔热垫，可依喜好在表布上制作图样。

7　剪下多余的表布底。

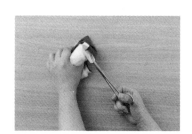

8　从返口翻至正面。

9　用熨斗压烫平整，用藏针缝缝合返口即完成。

▶▶▶page.21 居家面纸抽抽袋

>>材料准备

● 表布

主体表→先染	→39.5cm	×↓35 cm	×1片
表布A	→6.5 cm	×↓10 cm	×2片
表布B	→6.5 cm	×↓9 cm	×2片
表布C	→6.5 cm	×↓12 cm	×2片
表布D	→6.5 cm	×↓10 cm	×2片
斜布条	→3.5 cm	×↓21 cm	×2片

● 里布

里布→先染	→39.5 cm	×↓35 cm	×1片

● 配件

蕾丝A	16cm	×4条
蕾丝B	35cm	×2条
腊绳	9cm	×1条

How to make ··

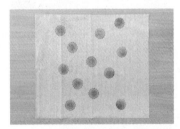

1　取表布主体，先用印泥盖上印章装饰。

2　将表布A、B正面相对并车缝拼接。

3　重复步骤2，依序将表布A～D拼接完成。

4　翻至正面，车压装饰线。

5　将两端向内折烫1cm。

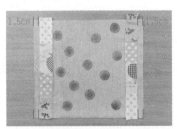

6　距离表布主体两侧布边1.5cm处，放上步骤5完成的表布（A＋B＋C＋D），车缝固定。

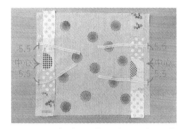

7　在表布主体两侧固定好蕾丝 A。

8　将表布主体与里布主体正面相对，车缝两侧边。

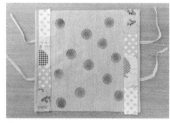

9　翻至正面。

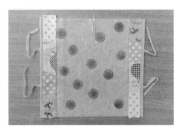

10　将腊绳对折，固定在上方中心点。

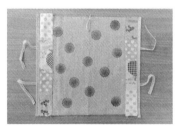

11　将蕾丝 B 车缝固定在主体两侧做装饰。

12　侧边向内折，车缝固定左、右缺口。

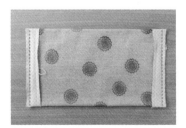

13　将斜布条与主体正面相对，头、尾 1cm 处包住两端，车缝 0.7cm 缝份固定。

14　翻至正面，斜布条边向内折 0.7cm 后，包住表布主体再车缝固定即完成。

▶▶▶page.22 # 小厨师亲子围裙

☆符号表示可依附录纸型裁剪

大人版

>>材料准备

●表布

☆主体	→88 cm	×↓78cm	×1片
☆前口袋	→23 cm	×↓15.5cm	×2片
☆粘扣布	8 cm直径正圆		×2片
吊带布	→3 cm	×↓60cm	×1片
绑带布	→3.5 cm	×↓50cm	×2片

●配件

魔术贴　　　　20cm×1条

小孩版

>>材料准备

●表布

☆主体	→78 cm	×↓55.5cm	×1片
☆前口袋	→20 cm	×↓15cm	×2片
☆粘扣布	7 cm直径正圆		×2片
吊带布	→1.5 cm	×↓40cm	×2片
绑带布	→1.5 cm	×↓50cm	×2片

●配件

魔术贴　　　　20cm×1条

How to make ·········

示范为小孩版，大人版做法相同。

1　取1片前口袋画上图案，2片口袋布正面相对，车缝固定预留返口，在圆弧处修剪牙口。

2　从返口翻至正面，在上方车压装饰线。

3　将每片吊带布和绑带布的其中一短边向内折烫1cm。

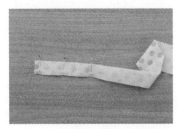

4　分别将吊带和绑带布对折，车缝一直线。

5　将缝份倒向两边熨烫固定。

6　利用穿带器把吊带布和绑带布翻至正面。

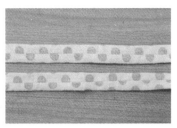

7　用熨斗烫平，缝份做中线，
　　用此面做绑带布和吊带布
　　背面。

8　将向内折烫处的一端车缝
　　固定。

9　取主体表布，画上汤匙和
　　叉子图案。

10　将前口袋沿着U形车缝固
　　定在主体上。

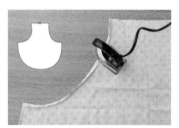

11　除上方平口处不折，其余
　　布边先向内折0.5cm，再
　　向内折0.7cm，压烫平整。

12　先车缝两侧边。

13　将上方平口向内折2.5cm
　　并压烫平整。

14　将上方的平口再向内折烫
　　2.5cm。

15 将吊带布未折烫收边的短边放置于上方。

16 用2.5cm的折烫处包住吊带布。

17 再把吊带布向上折。

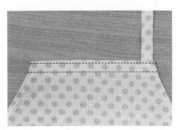

18 在正面车缝两条直线固定。

19 重复步骤13~18（折烫2.5cm改为0.7cm），将绑带布包入0.7cm折烫处，车缝固定在两侧。

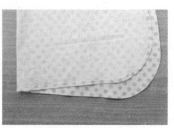

20 车缝主体下半部大U形。

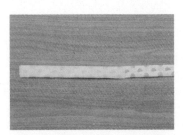

21 将吊带布折烫收边的短边车缝固定好魔术贴的粘面。

22 将粘扣布画上图样，正面相对，车缝一圈并预留返口。

23 将粘扣布翻至正面，塞入棉花，返口用藏针缝缝合。

24 用藏针缝将粘扣缝在吊带上即完成。

▶▶▶page.22 ## 小厨娘头巾

☆符号表示可依附录纸型裁剪

大人版

>>材料准备

●表布

| ☆表布 | →58cm | × | ↓36cm | × | 1片 |
| 松紧带 | →12cm | × | 1条 | | |

小孩版

>>材料准备

●表布

| ☆表布 | →54cm | × | ↓35cm | × | 1片 |
| 松紧带 | →8cm | × | 1条 | | |

How to make

示范为小孩版，大人版做法相同。

1　将布边向内折烫 0.5cm。

2　再向内折烫 0.7cm。

3　由正面车缝固定。

4　将两侧的布边都向内折烫 0.5cm。

5　再向内再折烫 0.7cm。

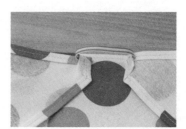

6　包住松紧带后车缝固定即完成。

>>>page.23 **熊宝宝后背包**
☆符号表示可依附录纸型裁剪

>>材料准备

● **表布**

主体	→30 cm	× ↓31 cm	× 2片
☆包盖A	→19.5 cm	× ↓13.5 cm	× 1片
包盖B	→19.5 cm	× ↓6 cm	× 1片
☆耳朵	→8 cm	× ↓4.5 cm	× 1片
☆不织布	→4 cm	× ↓2 cm	× 2片
☆尾巴	直径9cm正圆		× 1片

● **里布**

主体	→30 cm	× ↓31cm	× 2片
☆包盖A	→19.5 cm	× ↓13.5 cm	× 1片
包盖B	→19.5 cm	× ↓6 cm	× 1片
☆耳朵	→8 cm	× ↓4.5 cm	× 1片

● **配件**

日字扣	2.5cm	× 2个	
口字扣	2.5cm	× 2个	
棉绳	70cm	× 2条	
人字带A	2.5cm	× 7cm	× 2条
人字带B	2.5cm	× 13cm	× 1条
人字带C	2.5cm	× 72cm	× 2条
人字带D	2.5cm	× 25cm	× 1条

How to make

1　将不织布置于耳朵表布中间位置，车缝固定。

2　将耳朵表、里布正面相对，车缝固定。

3　将圆弧修剪出牙口。

4　翻至正面后塞入少许棉花。

5　耳朵与包盖A表布正面相对，车缝固定。

6　包盖A表布和包盖B表布正面相对，车缝固定。

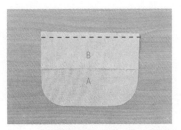

7　包盖 A 里布和包盖 B 里布
　　正面相对，车缝固定。

8　包盖表、里布正面相对，
　　车缝 U 形固定。

9　圆弧处修剪牙口后翻至正
　　面，车压一圈 U 形装饰线。

10　将人字带 A 穿入口字扣，
　　　交叠三折。

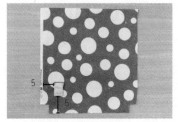

11　先在主体表布的左、右下
　　　方各剪出 2cm 正方形缺
　　　口，再将步骤 10 中的口
　　　字扣车缝固定于表布。

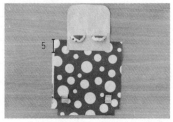

12　将包盖与主体表布车缝固
　　　定。

13　将人字带 B 车缝固定于包
　　　盖和主体表布上。

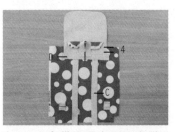

14　人字带 C 固定于人字带 B
　　　两侧，边缘距包盖边缘
　　　上移 1cm，再将人字带 D
　　　两端内折 2cm，车缝固定
　　　于表布和包盖。

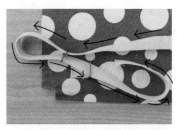

15　取人字带 C，穿过日字扣
　　　后，再穿入口字扣内。

16　再次穿入日字扣中间，尾
　　　端向内折 2cm。

17　车缝固定，另一条人字带
　　　C 重复步骤 15 ~ 17。

18　将 2 片主体表布正面相对
　　　并车缝左右两侧，上方留
　　　3cm 不缝。

19　底与两侧底角拉折并车缝
固定。

20　将包口上方3cm缝份向内
折烫，车缝固定。

21　主体里布参照主体表布的
方式车缝（包体底部预留
返口）。

22　将主体里布翻至正面，套
入主体表布且正面相对。

23　将包口上方车缝一圈。

24　从主体里布返口处翻至正
面，将返口用藏针缝缝合，
将包身上方3cm处车缝一
圈。

25　将棉绳逆时针穿入包身
顶部，绕一圈后将棉绳
打结。

26　另一条棉绳反方向顺时针
穿入后打结。

27　将尾巴布用平针缝缩缝一
圈。

28　塞入棉花后拉紧并打结。

29　用藏针缝固定于主体表布
背面。

30　在包盖上画出自己喜欢的
小熊表情即完成。

▶▶▶ page.18 爱写字拉链笔袋

>>**材料准备**

● **表布**

帆布A	→24cm	× ↓11.5cm	× 1片
帆布B	→24cm	× ↓8cm	× 1片
条纹布	→24cm	× ↓8cm	× 1片

● **配件**

拉链	19.5cm	× 1条

How to make ·····

1　帆布 A 用针线绣上笔和橡皮擦图案，正面下方向外折烫 1cm。

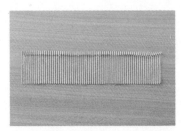

2　条纹布取一边，向内折烫1cm。

3　将帆布 A 与条纹布的折烫处互相交叠并包住。

4　将步骤 3 重叠的布料折烫处，车缝固定。

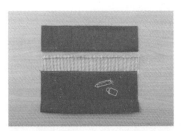

5　同步骤 1 ~ 2，将条纹布和帆布 B 分别向内和向外折烫 1cm。

6　同步骤 3，将条纹布和帆布 B 的折烫处互相交叠并包住。

7 翻至正面，将重叠的布料折烫处，车缝固定。

8 将拉链的一边与帆布 A 正面相对，车缝固定。

9 将拉链翻至正面，且在拉链下方的表布上车压装饰线。

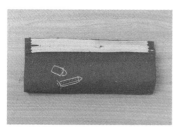

10 同步骤 8，将拉链的另一边与帆布 B 正面相对，车缝固定。

11 翻至正面，且在另一侧拉链下方的表布上车压装饰线。

12 在笔袋正面的左、右两端，距布边 0.5cm 处，车缝封口。

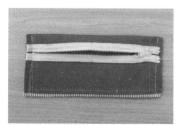

13 翻至里面，距布边 0.7cm 处再车缝两条直线固定。

14 最后翻至正面即完成。

读书人布书衣

☆符号表示可依附录纸型裁剪

>>材料准备

●表布

表布上片　　→53.5cm　×　↓20cm　×　1片
表布下片　　→53.5cm　×　↓6cm　×　1片

●里布

里布　　　　→53.5cm　×　↓24.5cm　×　1片

●配件

☆棉麻圆布　直径6cm正圆　　×2片
　松紧带　　24cm　　　　　　×1条
　缎带　　　23cm　　　　　　×1条
　棉花　　　少许

How to make

1　表布上片用平针缝搭配布用彩绘笔完成图案。

2　表布上片和下片正面相对，车缝固定。

3　将表布下片翻至正面并车压装饰线。

4　将表布和里布正面相对，车缝一侧边。

5　翻至正面，车压侧边装饰线。

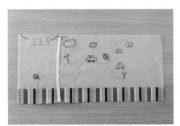

6　在表布上车缝松紧带。

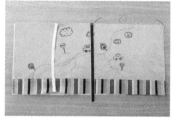

7　在表布上车缝缎带。

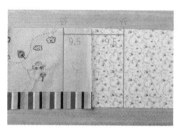

8　从拼接处向左、向右各抓9.5cm，烫出两条谷线。

9　折出谷线，此时表、里布正面相对。

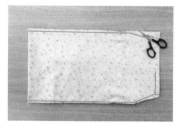

10　车缝并预留返口（可剪出书衣反折处想要的斜角）。

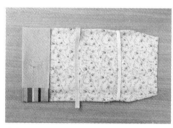

11　由返口翻至正面，返口压烫平整。

12　距布边0.3cm车压一圈。

13　取1片棉麻圆布并用彩绘笔涂鸦，且与缎带正面相对，车缝固定。

14　2片棉麻圆布正面相对，车缝一圈并预留返口。

15　由返口翻至正面，塞入少许棉花后将返口用藏针缝缝合即完成。

小猪仔噗噗提袋

☆符号表示可依附录纸型裁剪

>>材料准备

●表布

帆布	→39.5 cm	×	↓18.5cm	×	1片
表布上片→点点	→39.5 cm	×	↓18.5cm	×	1片
表布下片→帆布	→39.5 cm	×	↓10.5cm	×	2片
☆耳朵A	→6.5 cm	×	↓4.5cm	×	2片
☆耳朵B	→12.5 cm	×	↓9cm	×	4片
☆身体	→12.5 cm	×	↓11cm	×	2片
☆鼻子	→直径7.5cm正圆			×	1片
☆鼻孔	→1.5 cm	×	↓2.5cm	×	2片

●奇异衬

☆耳朵A	6.5 cm × 4.5cm	×	2片
☆鼻子	直径7.5cm正圆	×	1片
☆鼻孔	1.5 cm × 2.5cm	×	2片

●里布

里布	→39.5 cm	×	↓27cm	×	2片

●配件

BB叫气囊	1个
按扣	1组
人字带	2.5cm×55cm×2条
棉花	少许

How to make

耳朵

1　将表布耳朵A置于表布耳朵B上,车缝一圈固定。

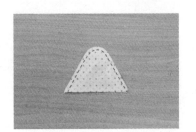

2　将步骤1的耳朵与另一片表布耳朵B正面相对,车缝倒V形。

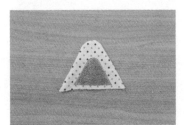

3　修剪牙口,从返口翻至正面。

4　抓出自己想要的褶皱,车缝固定。

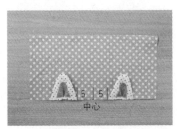

5　将完成的耳朵固定在表布上片。

身体

6　将2片表布身体正面相对,画出记号线,沿记号线车缝,在身体上方留返口。

7　沿车线外约 0.7cm，剪下身体轮廓并修剪牙口。

8　从返口翻至正面，塞入棉花和 BB 叫气囊。

9　完成饱满的小猪身体。

鼻子

10　表布鼻子背面烫上奇异衬。

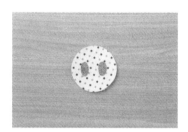

11　表布鼻孔背面烫上奇异衬，再烫在表布鼻子中央。

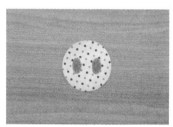

12　在 2 片表布鼻孔边缘车缝一圈固定。

13　将表布鼻子车缝一圈固定在表布下片。

表布组合

14　取表布帆布，用复写纸临摹出小朋友的涂鸦。

15　再以布用彩绘笔涂上颜色，静置到干燥。

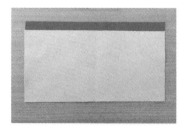

16　表布帆布和没贴鼻子的表布下片正面相对，车缝固定。

17　翻至正面，车压装饰线。

18　将身体固定在表布下片，车缝固定。

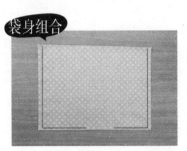
袋身组合

19　表布上片和贴鼻子的表布下片正面相对，车缝固定。

20　翻至正面，车压装饰线。

21　里布正面相对，车缝固定，下方留返口。

22　将拼接的2片表布正面相对，车缝固定。

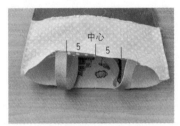

中心
5　5

23　将人字带固定于表布袋口。

24　将里布袋身翻至正面，套入表布袋身。

25　沿着袋口上方车缝一圈。

26　由里布袋身返口翻至正面，袋口车压装饰线。

27　将贴鼻子的表布下片用椎子钻出洞来。

28　将按扣黑色面由正面套入。

29　由包里套入白色下盖。

30　将黑色面置于压合工具座台，将工具压合到底，再将返口用藏针缝缝合即完成。

▶▶▶page.25 ：勾勾手水壶袋

☆符号表示可依附录纸型裁剪

>>材料准备

●表布

☆前片	→9.5 cm	×↓21 cm	×2片
☆后片	→13 cm	×↓21.5 cm	×1片
☆帽子	→8.5 cm	×↓13 cm	×2片
☆底部	→直径10cm正圆		×1片
☆袖子	→9.5 cm	×↓17.5 cm	×2片
☆口袋	→6.5 cm	×↓5.5 cm	×1片
包边条	→3.5 cm	×↓33 cm	×1片

●里布

☆前片	→9.5 cm	×↓21 cm	×2片
☆后片	→13 cm	×↓21.5 cm	×1片
☆帽子	→8.5 cm	×↓13 cm	×2片
☆底部	直径10cm正圆		×1片

●配件

拉链	17cm	×1条
插扣	1组	
人字带	10cm	×1条
细绳	20cm	×1条

How to make ......

表布袋身

1　2片表布帽子正面相对，车缝固定。

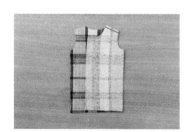

2　表布前片与表布后片正面相对，车缝固定。

3　取另一片表布前片，和表布后片正面相对，车缝固定。

4　将步骤1帽子与步骤3完成的前后片正面相对，车缝固定。

5　将表布袖子与步骤4完成的前后片与帽子正面相对，车缝固定。

6　同步骤5做法，接合另一片袖子。

7　取表布袖子的袖口 1cm 折三折，车缝固定。

8　初步完成表布袋身接合。

9　将口袋纸型放置于表布口袋背面，将缝份用平针缝缩缝于圆弧处并熨烫。

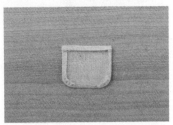

10　取出纸型，然后将表布口袋上方 0.5cm 折三折。

11　翻至正面，车压一圈装饰线。

12　将表布口袋车缝固定于其中 1 个前片上。

13　可依喜好在表布口袋上添加彩绘或布标等装饰。

14　表布袖子正面相对、前片与后片正面相对，车缝固定。

里布袋身

15　同步骤 1 ~ 4 做法，将里布前片、后面、帽子正面相对，车缝固定。

袋身组合

16　将里布袋身与表布袋身正面相对，车缝帽子与前片接合固定。

17　从袋身底布翻至正面。将里布袖口处内折 0.7cm，用藏针缝固定于表布的缝份上。

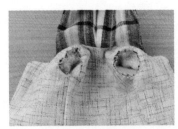

18　两边袖口都缝合完成。

19 将拉链置于前片下，车缝固定。

20 取底部的表、里布，背面相对，车缝一圈固定。

袋身组合

21 将底布与表布袋身正面相对，车缝一圈固定。

22 包边条与里布正面相对，布边对齐以缝份0.7cm车缝一圈固定。

23 将包边条翻至正面后以0.7cm内折再包住底部布边，用强力夹暂时固定，车缝一圈固定。

安装插扣

24 将细绳对折，穿入插扣后打结。

25 将人字带穿入插扣。

26 分别将插扣放置于两侧袖子里，车缝两短直线固定。

27 勾勾手水壶袋即完成。

▶▶▶ page.26 ┊ **托特束口便当袋**

>> **材料准备**

● **表布**

主体上→棉麻　→33cm × 15cm 　 × 2片

主体下→格子　→33cm × 24.5cm　× 1片

● **厚布衬**

主体上　　　　→31.5cm × 13.5cm　× 2片

主体下　　　　→31.5cm × 23cm　 × 1片

● **单胶铺棉**

主体上→单胶铺棉　31.5cm × 11.5cm×2片

主体下→单胶铺棉　31.5cm × 23cm　×1片

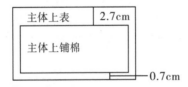

● **里布**

主体　　　　　→33cm × ↓22.5cm　× 2片

束口布　　　　→33cm × ↓15cm 　× 2片

● **配件**

人字带提把　　35cm×35cm×2条

棉绳　　　　　75cm×2条

How to make ....

事前作业

1　表、里布如下图所示，剪下底部打角处。

2　分别将布料烫上所需布衬：表布先烫厚布衬，
　再烫上铺棉，主体上铺棉需距上方2.7cm。

① 表布主体下（格了）

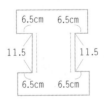

② 主体下→铺棉

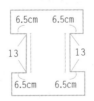

③ 里布主体

主体袋身

3　表布主体上（棉麻）分别
　彩绘或刺绣喜欢的图案。

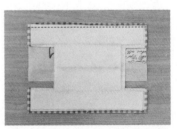

4　将表布主体上和表布主体
　下正面相对，车缝一直线。

5　翻至正面车压装饰线。

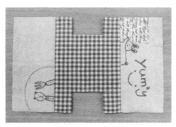

6　同步骤 4 ~ 5 完成另一片表布主体上的拼接。

7　将表布对折，正面相对，车缝两侧边。

8　车缝两侧袋底。

9　将人字带提把车缝固定于表布上。

10　将 2 片里布主体正面相对车缝直线，并预留返口。

11　车缝里布主体两侧袋底。

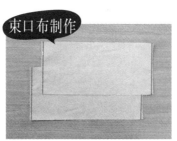

12　将 2 片束口布车布边（无缝纫机者可省略此步骤）。

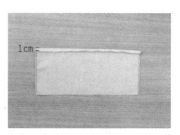

13　在束口布上画 5cm 记号线，并向内折烫 1cm。

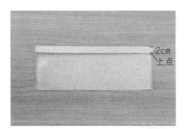

14　再折烫 2cm 至 5cm 记号线处。

15　完成 2 片束口布折烫。

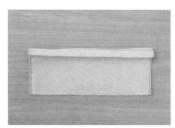

16　束口布正面相对，车缝两短边至 5cm 记号线处。

17　将折烫处的缝份压烫至两边。

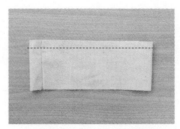

18　翻至正面，折好折烫处，距布边 1.8cm 车缝一圈固定。

19　将束口布反面对着里布袋身正面，车缝一圈固定。

组合

20　里布袋身与表布袋身正面相对，袋口车缝一圈固定。

21　由里布返口翻至正面，在表布袋身向下 2cm 做记号。

22　以记号线向下折烫，车压一圈装饰线，并将返口用藏针缝缝合。

23　将棉绳逆时针穿入，绕一圈后将棉绳打结。

24　另一条棉绳顺时针穿入后打结即完成。

▶▶▶page.27 音乐家尤克里里袋
☆符号表示可依附录纸型裁剪

>>材料准备
●表布
☆主体	→24.5cm	× ↓60cm	× 2片
☆前口袋	→24.5cm	× ↓24.5cm	× 1片
侧面布A	→11cm	× ↓60.5cm	× 1片
侧面布B	→11cm	× ↓82.5cm	× 1片
斜布条	→3.5cm	× ↓150cm	× 1片

●里布
| ☆主体 | →24.5cm | × ↓60cm | × 2片 |
| ☆前口袋 | →24.5cm | × ↓24.5cm | × 1片 |

●配件
拉链	61cm	× 1条
拉链	25cm	× 1条
人字带A	2.5cm	× 14cm × 1条
人字带B	2.5cm	× 65cm × 1条
人字带C	2.5cm	× 20cm × 1条
口字扣	2.5cm	× 1个
日字扣	2.5cm	× 1个

How to make

1 取61cm拉链和侧面布A，正面相对，距布边0.7cm车缝固定。

2 翻至正面，车压装饰线。

3 侧面布B四边车布边，侧面布A三边车布边（无缝纫机者可省略此步骤）。

4 将侧面布A与侧面布B正面相对，车缝一短边。

5 翻至正面车压装饰线。

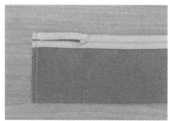

6 将侧面布A与侧面布B的另一短边正面相对，车缝固定。

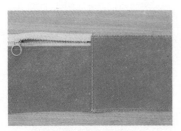

7 翻至正面车压装饰线。

8 将表布前口袋彩绘上图案，与里布背面相对，车缝一圈固定。

9 将口袋上方向内折烫1cm。

10 将25cm拉链正面一侧贴上水溶性双面胶。

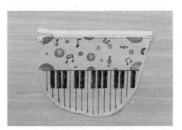

11 撕开双面胶，贴上前口袋，车缝固定。

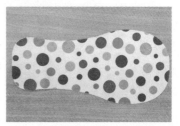

12 将主体表、里布背面相对，车缝一圈固定，完成两组主体。

13 将前口袋拉链与主体表布正面相对，车缝固定。

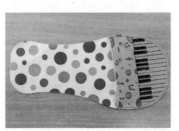

14 翻至正面后与主体疏缝固定。

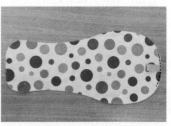

15 取另一片主体，将人字带A套入口字扣，对折车缝固定于主体表布上。

16 将人字带B穿入日字扣，向内折2cm。

17 将向内折的部分车缝固定。

18 将人字带B的另一端穿入口字扣，再从日字扣中绕出。

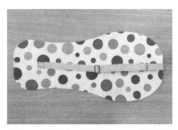

19 尾端向内折 2cm，车缝固定在主体上。

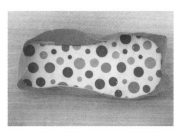

20 将侧面与主体布背面相对，由正面车缝一圈固定。

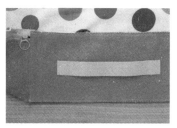

21 人字带 C 左、右两端各内折 2cm，车缝固定在侧面上。

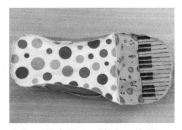

22 同步骤 20 做法，将另一片主体与侧面相接，车缝固定。

23 将斜布条正面相对，车缝固定。

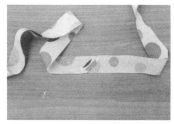

24 缝份压烫至两边，并修剪多余的布边。

25 将斜布条放入 18mm 滚边器，拉出边用熨斗压烫。

26 斜布条与主体正面相对，车缝固定。

27 包住主体与侧面车缝的边再车缝固定，完成两面表布与侧面包边即完成。

零碎布运用

许多手作爱好者必有的经验就是：买回来的各式布料，
经过裁裁剪剪，总是会剩下许多小块的零碎布，
丢掉觉得浪费，留着却不知道用来做什么，
其实，这些零碎布除了可以做些小东西之外，
经过拼接之后，照样能做出各种美丽的布杂货！
接着，小静老师就示范了
8种好玩或实用的布杂货，
赶快翻出手边的小碎布，一起玩吧！

乡村风三角旗

☆符号表示可依附录纸型裁剪

>>材料准备

☆表布	→15.5cm	×↓12.5 cm	×5片
☆里布	→15.5cm	×↓12.5 cm	×5片
斜布条	→3.5 cm	×↓130 cm	×1片

How to make ⋯⋯⋯⋯⋯⋯⋯⋯⋯⋯⋯⋯⋯⋯⋯

1 先取一组表、里布，正面相对，车缝 V 形固定。

2 翻至正面，车压装饰线。

3 同步骤 1～2，完成其余四组表、里布缝合。

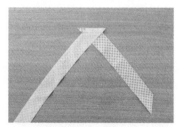

4 将斜布条正面相对，车缝接合。

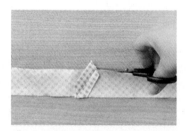

5 将缝份压烫至两边，修剪多余的布料。

6 将斜布条放入 18mm 滚边器，拉出边用熨斗压烫。

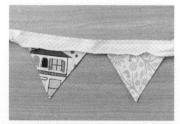

7 斜布条与三角旗正面相对，车缝固定，布条头尾向内折烫 1cm。

8 翻至正面，包住三角旗，距布边 0.2cm 车缝固定即完成。

─Tips─

制作前可先测量摆放位置所需长度，将三角旗剪好后实际摆放，抓出自己想要的间距，并自由增减三角旗数量与布条长度。

童趣沙包&束口袋

Column

☆符号表示可依附录纸型裁剪

沙包

>>材料准备

●表布

☆表布　→16cm　×↓6.5cm　×5片

●配件

枕心粒子　适量

（或生米粒、细砂石、红豆）

How to make ·····

1 依纸型裁出5片表布。

2 表布正面相对，左、右两短边对齐，车缝固定。

3 取一侧拉齐摊平，车缝一直线固定。

4 将立体三角粽形拉齐抓平，再车缝一直线并预留返口。

5 由返口翻至正面，装入枕心粒子。

6 用藏针缝缝合返口即完成。

束口袋

>>材料准备

●表布

素麻布　　→17 cm × ↓12 cm × 2片
格子布　　→17 cm × ↓12 cm × 1片

●里布

里布　　　→17 cm × ↓31 cm × 1片

●配件

棉绳　　　42cm × 2条

How to make ····················

1　素麻布可彩绘图案，将束口袋的表布完成拼接。

2　正面车缝装饰线。

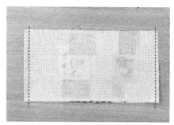

3　将里布与表布正面相对，车缝两短边固定。

4　将表布正面相对、里布正面相对，折叠压烫缝合两边，距中线左、右两边各留2cm不缝。

5　由中间4cm返口处翻至正面。

6　将里布套入表布内，用熨斗压烫平整，并于距上方2cm车缝一圈固定。

7　将棉绳逆时针穿入并打结。

8　另一条棉绳顺时针穿入并打结，即完成。

包扣溜溜球万用夹 Column

☆符号表示可依附录纸型裁剪

>>**材料准备**

●**表布**

　☆表布A　→6.5cm　×↓6.5 cm　× 1片
　☆表布B　→3 cm　×↓3 cm　× 1片

●**配件**

　包扣A　　　35mm×1个
　包扣B　　　15mm×1个
　迷你溜溜球　1个

How to make ......

1　依纸型分别剪出表布A和表布B，可彩绘上图案。

2　双线打结，用平针缝缩缝表布A一圈。

3　将包扣A置于表布A背面正中央。

4　将针穿入两线中间，最后针回到原点。

5　用力拉紧打结，完成表布包扣A。

6　将包扣A突起部分剪掉，表布B和包扣B重复步骤2～6制做。

7　迷你溜溜球正面朝上，用热熔胶将表布包扣A四周粘一圈。

8　将表布包扣A置中与迷你溜溜球粘合，再粘上表布包扣B即完成。

包扣发束

☆符号表示可依附录纸型裁剪

>>材料准备

●表布

　☆表布　　→7cm×↓7cm×1片

●配件

　包扣　　　38mm×1组

　松紧绳　　25cm×1条

How to make ......

1　依纸型剪出表布，可彩绘上图案。

2　双线打结，用平针缝缩缝表布一圈。

3　将包扣置于表布背面正中央。

4　将针穿入两线中间，最后针回到原点。

5　用力拉紧打结，完成表布包扣。

6　盖上包扣背盖。

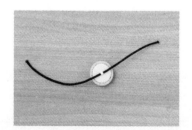

7　穿入松紧绳。

8　将松紧绳打结即完成。

圈圈大肠发束

>>材料准备

●表布

碎布　　　　　不同长度数片（总长60cm）

●配件

松紧带　　　　20cm × 1条

How to make

1 碎布正面相对，车缝进行拼接。

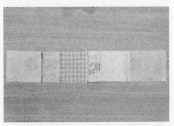

2 接成总长60cm，将缝份倒向两边压烫平整。

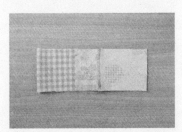

3 头、尾正面相对，车缝接合成圆圈。

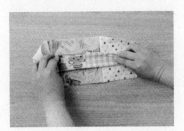

4 抓起中间的布料（内圈）。

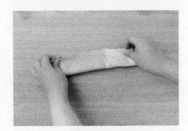

5 将外圈抓起，用回针缝固定。

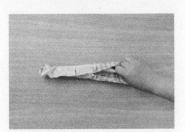

6 将外圈对折缝边（不要缝到内圈）。

7 记得预留返口。

8 松紧带由返口穿一圈，穿出后固定缝合松紧带。

9 再用藏针缝缝合返口，即完成。

蝴蝶结发束

>>材料准备

●表布

表布　　　　19cm×26 cm×1片

●配件

缎带　　　　6cm×1条

松紧发束　　　×1条

How to make

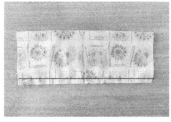

1 表布正面相对对折，车缝直线固定。

2 翻至正面，缝线置中压烫平整。

3 将两短边向中间折，上下两端疏缝固定。

4 抓出折子，用小皮筋缠绕固定。

5 用缎带包住蝴蝶结和松紧发束，用保丽龙胶水粘贴固定，尾端反折约1cm。

6 最后再用藏针缝缝合缎带蝴蝶结，加强固定即完成。

蝴蝶结松紧发带

☆符号表示可依附录纸型裁剪

>>材料准备

●表布

☆蝴蝶结	16.5cm	× 10.5cm	×2片
固定布	2cm	× 6cm	×1片
松紧布	5cm	× 80cm	×1片

●配件

彩色松紧带	18cm×1条
松紧带	35cm×1条

How to make ·······

1 蝴蝶结表布正面相对，车缝一圈并预留返口，修剪牙口。

2 从返口翻至正面，用熨斗压烫平整。

3 抓出折子。

4 用小皮筋缠绕固定。

5 将固定布向内折0.7cm。

6 将另一侧的布边向内折0.7cm，并用保丽龙胶水粘贴固定。

7　将固定布背面涂上保丽龙胶水，包住缠绕蝴蝶结的小皮筋。

8　在后方收尾处粘贴固定，并修剪多余的布料。

9　将松紧布两短布边向内折烫1cm。

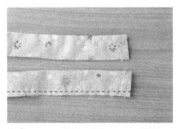

10　正面相对折起，在背面距布边0.7cm车缝一直线固定。

11　用返里夹将松紧布翻至正面。

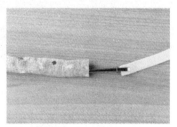

12　再用返里夹将松紧带穿入松紧布内。

13　将彩色松紧带边1cm重叠于白色松紧带下方，车缝固定（此时返里夹还在松紧布里，所以先固定一端）。

14　用返里夹将白色松紧带拉至另一端，并完成另一端的车缝。

15　用保丽龙胶水将蝴蝶结固定于松紧布中间即完成。

Part 3

超可爱！
疗愈系布偶小物

made by 幸福咩咩

People data

幸福咩咩·手作小铺

擅长制作 Q 版布偶商品的咩咩老师，投入全职手作生活长达六、七年，作品散发着浓浓的可爱风，时常在各大市集摆摊，也在网络上接受客户定单并为其量身打造客制化玩偶，除了在手作杂志上分享布偶的创意制作之外，也从事袜娃雅广教学的工作。

Blog : www.wretch.cc/blog/momosheep12
Facebook : www.facebook.com/momosheep1207

你最喜欢什么动物呢？你的生肖是什么呢？

无论大人还是小孩，可爱的动物总能瞬间抓住你我的目光，

咩咩老师制作的布偶造型小物，带着温暖的疗愈系幸福感，

最适合和友人或宝贝儿一起，享受开心的手作时光……

咕咕鸡钥匙包

钥匙包可伸缩拉动，
包遮挡钥匙避免刮痕，做法简单，
也能从附录纸型延伸喜欢的动物五官造型喔！

How to make ▶▶▶ page.82
Finished Size ▶▶▶ W13cm×H12cm×D2cm

L

旺旺狗零钱包

旺！旺！狗来富~
做个大耳朵狗狗零钱包，帮忙招财纳福吧！

How to make ▶▶▶ page.84
Finished Size ▶▶▶ W23cm×H10cm×D3cm

M

青蛙呱呱筷袋

呱~呱~呱~
张大你的小嘴巴，乖乖吃饭才会长高唷！

How to make ▶▶▶ page.86
Finished Size ▶▶▶ W7cm×H22cm×D1cm

猫头鹰手机袋

可视手机大小，自行调整纸型尺寸，
做出最合身的手机袋。
让猫头鹰的头部360度的旋转，
24小时全方位保护你心爱的手机吧！

How to make ▶▶▶ page.88
Finished Size ▶▶▶ W11cm×H15cm×D2cm

小熊 & 兔崽相机包

可爱实用的相机包，内里增加铺棉具有防震效果，
也能当做侧背小包包使用。
搭配不同的布料衣服，就有不同的效果喔！

How to make ▶▶▶ page.90
Finished Size ▶▶▶ W7cm×H20cm×D2cm

大象立体钥匙圈

用袜子做的大象立体布偶，只要简单地结合五金配件，就能完成实用与可爱兼备的钥匙圈。

How to make ▶▶▶ page.97
Finished Size ▶▶▶ W11cm×H11cm×D7cm

河童宝宝手摇铃

叮~叮~当~仅用一只袜子就能做河童宝宝手摇铃，
是送给新生儿的最佳礼物，
随着宝贝长大，也能成为安眠小玩偶唷！

How to make ▶▶▶ page.94
Finished Size ▶▶▶ W12cm×H17cm×D10cm

R　裤袜抱抱兔

找一双喜爱的女娃裤袜，剪个两三刀，
只要手缝就能完成一只大玩偶，
抱着它是不是温暖又安心呀!

How to make ▸▸▸ page.100
Finished Size ▸▸▸ W33cm×H53cm×D20cm

S

俏丽趴趴狗

狗狗是人类最忠实的好伙伴，
如果家里不能养宠物，
何不先动手做一只狗狗布偶来陪伴你呢!

How to make ▸▸▸ page.117
Finished Size ▸▸▸ W12cm×H24cm×D18cm

绵羊抱枕&手靠垫

跳~跳~跳~森林系绵羊出场，
选一块柔顺的绒毛布，
让毛绒绒的大、小绵羊走进你家吧！

How to make ▶▶▶ page.103

Finished Size ▶▶▶ W38cm×H20cm×D13cm
Finished Size ▶▶▶ W17cm×H12cm×D8cm

羊咩咩立偶

只需利用袜子和颗粒布, 俏皮的羊咩咩人形立偶是不是很可爱呀!

How to make ▶▶▶ page.106
Finished Size ▶▶▶ W18cm×H27cm×D11cm

粉红猪立偶

戴上小猪帽, 调皮的小猪人形立偶也登场啰!

How to make ▶▶▶ page.109
Finished Size ▶▶▶ W18cm×H27cm×D11cm

帅气袜豆猴

帅气地插着双手,
猴子先生现在正想着什么呢?
学学豆猴的潇洒帅气, 开开心心的大步向前吧!

How to make ▶▶▶ page.113
Finished Size ▶▶▶ W122cm×H11cm×D22cm

K ▶▶▶ page.74 **咕咕鸡钥匙包**

☆符号表示可依附录纸型裁剪

>>材料准备

☆脸—刷毛布　　2片
☆里布—棉布　　2片
☆铺棉　　　　　2片
☆鸡冠—绒毛布　2片
☆嘴巴—刷毛布　2片
　钥匙圈扣环　　1个
　黑色珠珠　　　2颗
　皮绳　　　　　30cm×1条
　棉花　　　　　适量

How to make

1　依纸型裁好所需布料。

2　皮绳对折打结，绕过钥匙圈扣环回穿。

3　2片鸡冠绒毛布正面相对，用回针缝缝合，下方留返口，翻至正面。

4　鸡冠塞入棉花，将皮绳打结处套入鸡冠内。

5　用藏针缝将返口缝合，完成鸡冠。

6　2片嘴巴刷毛布正面相对，用回针缝缝合，留返口翻至正面，塞入棉花。

7 取1片刷毛脸布，将嘴巴用藏针缝缝在正中央。

8 用水消笔画眼睛位置，将2颗黑色珠珠缝至眼睛位置。

9 刷毛脸布和里布正面相对，用回针缝缝合，上方留返口。

10 完成2片刷毛脸布和里布的缝合。

11 从返口翻至正面，用藏针缝将返口缝合。

12 将鸡冠皮绳夹入2片脸布中间。

13 从小鸡脸的右方1/2处开始，用藏针缝缝合上半圈。

14 缝到上方皮绳处时，绕过皮绳，这样鸡冠才能上下拉动。

15 缝合完成即可。

▶▶▶page.75 **L** # 旺旺狗零钱包
☆符号表示可依附录纸型裁剪

>>材料准备

☆脸→刷毛布	2片
☆里布→棉布	2片
☆耳朵A→棉布	2片
☆耳朵B→刷毛布	2片
☆铺棉	2片
鼻→直径4cm正圆	1片
黑色珠珠	2颗
拉链	15cm×1条

How to make

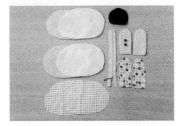

1 依纸型裁好所需布料。

2 分别取 A、B 耳朵棉布和刷毛布各 1 片，正面相对，用回针缝缝一圈，预留返口。

3 完成两组耳朵，从返口翻至正面。

4 直径 4cm 正圆，用平针缝缝一圈，先不打结（即缩口缝）。

5 塞入棉花，拉紧缝线进行缩口，打结。

6 将鼻子用藏针缝缝在脸布正中央。

7 用水消笔画眼睛位置，将2颗黑色珠珠缝至眼睛位置。

8 将缝好五官的脸布与里布正面相对，夹入拉链（和脸布正面相对），再叠上铺棉。

9 用珠针固定布料，用回针缝缝合拉链头到拉链尾。

10 同步骤8，将另1片脸布与里布、拉链、铺棉叠放好。

11 用珠针固定布料，同样用回针缝缝合拉链头到拉链尾。

12 2片脸布和2片里布同时正面相对，脸布夹入耳朵，用回针缝缝合脸布。

13 里布用回针缝缝一圈，留约8cm返口。

14 从返口翻至正面，用藏针缝缝合返口。

15 完成旺旺狗零钱包，可依喜好用保丽龙胶水粘上装饰小花。

M ▶▶▶page.75 ┊ # 青蛙呱呱筷袋

☆符号表示可依附录纸型裁剪

>>材料准备

☆身体A→刷毛布	1片
☆身体B→刷毛布	1片
☆里布A→棉布	1片
☆里布B→棉布	1片
☆衣服→棉布	1片
钮扣A	2颗
钮扣B	1颗
黑色松紧绳	10cm×1条
黑色珠珠	2颗

How to make ······

1 取身体A和衣服布，对好位置后做记号线，正面相对。

2 用回针缝在记号线上缝直线固定。

3 在身体A正面用水消笔画上眼睛位置和嘴巴弧线。

4 在眼睛位置缝上黑色珠珠。

5 用回针缝缝出嘴巴线条。

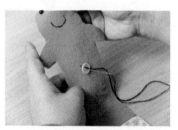

6 取钮扣A，缝在身体A正面做装饰。

7　完成的身体 A。

8　黑色松紧绳打结，夹入正面相对的身体 A 和里布 A 中。

9　用珠针固定布料，用回针缝缝合没有和身体 B 重叠的上半部。

10　身体 B 和里布 B 正面相对，用回针缝缝合上方。

11　展开身体 B 和里布 B，在身体 B 正面向下约 1.5cm 处，缝上钮扣 B。

12　将 2 片身体布与 2 片里布各自正面相对。

13　用回针缝缝合身体布，缝合里布时留一侧边做返口。

14　从返口翻至正面，用藏针缝缝合里布。

15　完成青蛙呱呱筷袋。

猫头鹰手机袋

☆符号表示可依附录纸型裁剪

>>材料准备

☆身体→刷毛布　　2片

☆脸→不织布　　　1片

☆肚子→不织布　　1片

里布→棉布　　　11cm×30cm×1片

嘴巴→不织布　　3cm　×3cm　×1片

黑色松紧绳　　　15cm　　　　×1条

钮扣　　　　　　1颗

黑色珠珠　　　　2颗

How to make ......

1　依纸型裁好所需布料。

2　脸和肚子用珠针固定在身体上，用卷针缝缝合固定。

3　用水消笔画上眼睛和肚子的 V 记号。

4　将黑色珠珠缝在眼睛处并用平针缝出 V 图样。

5　将嘴巴布画小三角形剪下备用。

6　用保丽龙胶水粘上嘴巴，完成猫头鹰身体主体。

7　将身体主体和里布正面相对，中间夹入打结的松紧绳。

8　用回针缝缝合上方。

9　里布的另一端与另一片身体布正面相对，用珠针固定。

10　用回针缝缝合另一端上方。

11　后方身体布向下约1.5cm处缝上钮扣。

12　身体布和里布各自正面相对。

13　用回针缝缝合一圈，在里布侧边留约8cm做返口。

14　从返口翻至正面，用藏针缝缝合返口。

15　完成猫头鹰手机袋。

▶▶▶page.77 # 小熊相机包

☆符号表示可依附录纸型裁剪

>>材料准备

☆脸→刷毛布　　2片
☆铺棉　　　　　2片
☆里布→棉布　　2片
☆耳朵A→棉布　　2片
☆耳朵B→刷毛布　2片
☆身体→棉布　　2片
☆手脚→刷毛布　8片
☆嘴巴→不织布　1片
　拉链　　　　　18cm×1条
　黑色珠珠　　　2颗
　人字带　　　　5cm

How to make

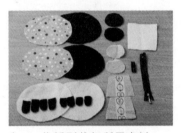

1　依纸型裁好所需布料。

2　手脚布每2片一组，正面相对，用回针缝缝U形，上方留返口翻至正面。

3　取耳朵A、B布各1片，正面相对，用回针缝缝U形，留返口。

4　完成两组耳朵，从返口翻至正面。

5　将身体布正面相对，夹入两只脚。

6　用珠针固定布料，用回针缝缝合，上方留返口。

7　缝好后，从上方返口翻至正面。

8　将嘴巴布放在脸布正面，用卷针缝缝合固定。

9　用水消笔在嘴巴布上画五官。

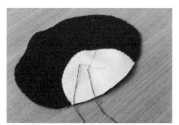

10　从五官记号的 X 形左上端点出针，由上方 V 形交接点入针，再从右上端点出针。

11　返回 V 形交接点入针，从 X 形左下端点出针，由下方倒 V 形交接点入针，再从右下端点出针。

12　返回下方倒 V 形交接点入针，V 形交接点出针，再从下方交接点入针，缝好中间。

13　脸布两边缝上黑色珠珠。

14　完成脸部表情。

15　将缝好的耳朵 A 面和有五官的脸布正面相对，先缝上几针固定。

16 将缝好五官的脸布与里布正面相对，夹入拉链（与脸布正面相对），再叠上铺棉。

17 用珠针固定布料，在中心点做记号，用回针缝从拉链头开始缝合。

18 缝到中心点时夹入对折的人字带，继续缝到拉链尾端。

19 同步骤16，将另1片脸布与里布正面相对，夹入拉链（与脸布正面相对），再叠上铺棉。

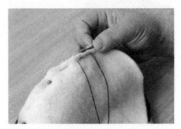

20 同样用回针缝缝合拉链头到拉链尾。

21 拉开拉链。

22 将脸布和里布展开，且将身体布夹入2片脸布之间。

23 用回针缝缝合正面相对的脸布和里布，在里布留返口，翻至正面。

24 用藏针缝缝合返口。

25 再将手布用藏针缝缝合于脸部下方。

26 完成小熊相机包。

▶▶▶ page.77 **兔崽相机包**

☆符号表示可依附录纸型裁剪

>>**材料准备**

☆脸→刷毛布　　2片
☆铺棉　　　　　2片
☆里布→棉布　　2片
☆耳朵A→棉布　　2片
☆耳朵B→刷毛布　2片
☆身体→棉布　　2片
☆手脚→刷毛布　8片
　拉链　　　　　18cm×1条
　黑色珠珠　　　2颗
　人字带　　　　5cm

How to make ·····

兔崽相机包与小熊相机包的做法一样，稍微变化一下布料花样，耳朵和五官的造型，就能做出不一样的动物造型相机包啰！

▶▶▶page.78 **Q** ▶▶▶page.78 ： **河童宝宝手摇铃**

>>材料准备

身体→绿色棉袜	1只
嘴巴→黄色棉袜	1/2只
绿色不织布	5cm×5cm×1片
黄色不织布	5cm×5cm×1片
缎带	30cm
黑色珠珠	2颗
铃铛	1颗
塑料盒	1个（使用手边有的小盒子即可）
棉花	适量

How to make ·······

1　备好所需材料。

2　将铃铛放入塑料盒里，用来制造声响。

3　取一大团棉花，将铃铛盒包在棉花里。

4　将棉花滚圆，塞进绿色棉袜里。

5　将下方多余的袜子拉平，剪掉。

6　距剪开的缺口边缘约1cm处，用平针缝缝一圈。

7　缝到头、尾相遇后用力拉，边拉边用大拇指将布边收入缺口中。

8　拉紧，交叉缝十字固定后打结，呈圆球状（即缩口缝）。

9　黄色和绿色不织布各自剪出圆形和六角星形，重叠用珠针固定在头顶上。

10　用水消笔在黄色不织布上画一圆形，用回针缝沿圆形记号缝合固定。

11　黄色棉袜剪下2片半圆形，正面相对用回针缝缝U形，上方留返口。

12　从返口翻至正面，塞入适量棉花，即嘴巴。

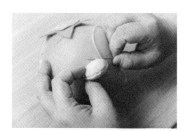

13　用珠针将嘴巴固定在脸部中央，并用藏针缝缝合固定。

14　从头的下方缩口处出针，拉紧打结。

15　珠针穿入黑色珠珠，插入脸部，用水消笔做记号。

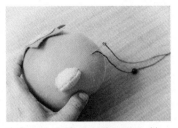

16 从头的下方缩口处入针，在记号点出针后穿入珠珠，在记号边入针，在另一侧记号点出针，穿入珠珠再在记号边入针。

17 来回拉紧对缝两次，让眼珠凹进去，从头的下方缩口处出针，拉紧打结。

18 在剩下的绿色棉袜上，用水消笔画上手把图形，剪下2片备用。

19 将剪下的2片手把袜片正面相对，用回针缝缝U形，上方留返口。

20 从返口翻至正面，塞入适量棉花，用缩口缝缝合手把，打结后线不剪断。

21 将手把和头部的缩口相对，并用珠针固定。

22 头朝下方便缝合，用藏针缝固定手把和头部。

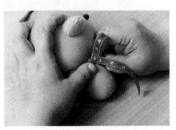

23 缎带交叠出蝴蝶结，用线绑紧后缝在手把上。

24 完成河童宝宝手摇铃。

▶▶▶page.78 # 大象立体钥匙圈

>>材料准备

身体→蓝色棉袜	1只
衣服→条纹棉袜	1只
内耳→白色棉袜	1/2只
黑色珠珠	2颗
钥匙圈扣环	1个
双C圈	1个
棉花	适量

How to make --

1　准备好所需材料。

2　取一大团棉花滚圆，塞入蓝色棉袜。

3　将下方多余的袜子拉平，剪掉。

4　距离剪开的缺口边缘约1cm处，用平针缝缝一圈，头、尾相遇后用力拉，边拉边用大拇指将布边收入缺口中，拉紧，交叉缝十字固定后打结，呈圆球状（即缩口缝）。

5　用水消笔在剩余的蓝色和白色棉袜上分别画出半圆形，每种颜色各剪下2片备用。

6　剪好大小相同的半圆形袜片，即耳朵布。

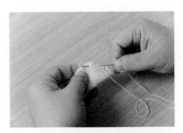

7　蓝、白色袜片各取1片正面相对，用回针缝缝弧形，留返口。

8　完成两只耳朵，从返口翻至正面。

9　在耳朵内塞入适量棉花。

10　用珠针将耳朵固定在脸的两侧，用藏针缝缝合。

11　在剩下的蓝色棉袜上，用水消笔画上鼻子图形，剪下备用。

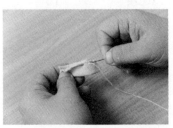

12　翻至反面对折，用回针缝缝一圈，留返口翻至正面。

13　从返口塞入适当棉花，用珠针将鼻子固定在脸上，用藏针缝缝合。

14　打结收针时，针从鼻子缝合点入针，并将针拉到头顶出针。

15　将双C圈缝好固定。

16　用水消笔做好眼睛记号，且缝上黑色珠珠。

17　从剩余的蓝色棉袜剪下长方形，用水消笔画上双脚记号。

18　将双脚记号用回针缝缝合，连接身体处不缝，做返口。

19　从返口翻至正面，棉花先塞入脚，再塞入身体，用缩口缝缝合返口。

20　将头和身体用藏针缝缝合固定。

21　将条纹棉袜剪出方形。

22　翻至反面对折，用回针缝缝侧边。

23　翻至正面，将衣服套入身体，缺口上方和下方用藏针缝缝合固定。

24　用水消笔在身体前、后各画上两条竖直线。

25　用回针前、后对缝拉紧，呈现出手的形状。

26　挂上钥匙圈扣环。

27　完成大象立体钥匙圈。

R ▸▸▸ page.79 **裤袜抱抱兔**

>>**材料准备**

身体→儿童裤袜　　1条
鼻子→白色棉袜　　1只
黑色珠珠　　　　　2颗
棉花　　　　　　　大量

How to make ......

1　用水消笔在裤袜两边的脚部画出兔耳的圆弧形。

2　沿记号线剪掉多余的袜子。

3　将裤袜翻面，正面相对，用回针缝缝合圆弧。

4　缝好兔子头部。

5　因为兔子体积大，所以一次拿大量棉花滚圆，塞入两边兔耳。

6　耳朵塞整好棉花后，接着再填塞脸部。

7 下方缺口处用缩口缝缝合。

8 取一大团棉花滚圆，塞入白色棉袜，做鼻子用。

9 将下方多余袜子拉平，剪掉，缺口处用缩口缝缝合。

10 白色棉球缩口处当底，在平整的正面用水消笔画出鼻子和嘴巴的记号。

11 取咖啡色线，沿着记号缝上鼻子和嘴巴。

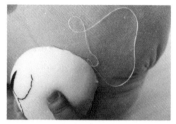

12 将鼻子的缩口，用珠针固定在兔子脸中央，用藏针缝缝合固定。

13 用水消笔做好两侧眼睛的记号。

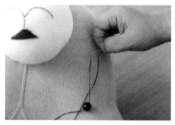

14 从兔子头的底部缩口处入针，在记号点出针后穿入珠珠，从记号边入针，在另一侧记号点出针，穿入珠珠再从记号边入针。

15 来回对缝两次拉紧，让眼珠凹进去，从头的下方缩口处出针，拉紧打结，完成头部。

16 取1只步骤2中剪下来的裤袜，翻至反面，用水消笔画出形状，并从中间剪一半开口。

17 用回针缝沿着记号线缝合。

18 将记号线外多余的边角布剪掉，留出缝份（避免塞入棉花爆开）。

19　翻至正面，先取棉花塞满两边的脚，再取大量棉花塞满整个身体。

20　上方开口用缩口缝缝合。

21　将头和身体用藏针缝缝合，第一圈缝完后再缝合第二圈外圈（避免重心不稳）。

22　将步骤2中剪下的另一只裤袜剪出手的形状。

23　正面相对，用回针缝缝合，下方留返口塞棉花。

24　完成两只小手。

25　翻至正面，从返口塞入棉花。

26　将两只手用珠针固定，用藏针缝缝在身体两侧。

27　完成裤袜抱抱兔。

▶▶▶ page.80 | # 绵羊抱枕&手靠垫

☆符号表示可依附录纸型裁剪

>>材料准备

- ☆身体→绒毛布　　2片
- ☆脸→刷毛布　　　2片
- ☆脚→刷毛布　　　8片
- ☆羊角→刷毛布　　4片
- 　棉花　　　　　　适量

How to make

手靠垫做法相同，仅纸型大小差异。

1　依纸型裁好所需布料。

2　2片刷毛脚布一组，布料正面相对，用回针缝缝U型，上方留返口。

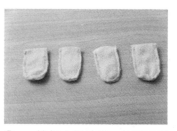

3　缝好4组羊脚，从返口翻至正面。

4　2片刷毛羊角布一组，布料正面相对，用回针缝缝合，留返口。

5　翻至正面，从返口塞入棉花。

6　用藏针缝缝合返口。

7 用白线穿过羊角下方绕一圈，在上方入针。

8 然后在下方旁边出针，依序共绕4圈，在羊角下方出针打结。

9 缝好两组羊角。

10 用水消笔在脸布正面画出表情。

11 用回针缝缝出眼睛圆弧。

12 圆弧眼睛缝好后再缝出睫毛。

13 2片羊脸缝好。

14 身体布正面相对，夹入4组羊脚。

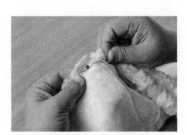

15 用珠针固定布料。

16 用回针缝缝合一圈，在底部留约10cm返口。

17 从返口翻至正面，塞入棉花。

18 用藏针缝缝合身体底部返口。

19 2片脸布正面相对，用回针缝缝U型，上方留返口。

20 翻至正面，塞入棉花。

21 用珠针将羊脸和身体固定，用藏针缝缝合。

22 用珠针将羊角和身体固定，用藏针缝缝合。

23 完成绵羊抱枕。

U ▶▶▶page.81 : **羊咩咩立偶**
☆符号表示可依附录纸型裁剪

>>材料准备

☆身体→颗粒布	2片	
☆手→颗粒布	2片	
☆耳朵→颗粒布	2片	
脸→黄色棉袜	1只	
头→颗粒布	10cm×40cm×1片	
肚子→粉色棉袜	1只	
头发→咖啡色不织布	10cm×4cm ×1片	
黑色珠珠	2颗	
缎带	30cm	
棉花	适量	

How to make ···

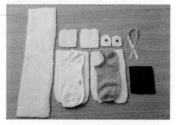

1　依纸型备好所需材料。

2　取一大团棉花滚圆，塞入黄色棉袜里，将下方多余袜子拉平，剪掉，用缩口缝缝合。

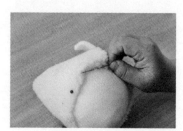

3　取头部长条颗粒布，盖住脸的缩口，包住一半的脸，用珠针先固定头与颗粒布。

4　将长条颗粒布交接处用藏针缝缝合。

5　抓量出头部后方颗粒布的大小，将缺口多出来的布边剪掉。

6　再将后方缺口用藏针缝缝合，完成头围制作。

7　将咖啡色不织布剪成喜欢的刘海形状。

8　用保丽龙胶水粘在脸上。

9　用水消笔画好眼睛记号，从头的底部入针，在记号点出针后穿入珠珠，再从记号边入针，然后从另一侧记号点出针，穿入珠珠再从记号边入针，来回对缝两次拉紧，让眼珠凹进去，从头的下方出针打结。

10　用水消笔在脸上画出微笑的嘴巴记号。

11　用回针缝缝出嘴巴形状。

12　在步骤2剩余的黄色袜子布上，按照耳朵颗粒布描出耳朵形状，剪下2片备用。

13　各取1片耳朵颗粒布和棉袜耳朵布，正面相对，用回针缝缝U形，留返口翻至正面。

14　将缝好的耳朵用珠针固定在头部两侧，用藏针缝缝合固定。

15　完成羊咩咩的头部。

16　身体布正面相对，用回针缝缝合两侧和下身。

17　上方留返口，从返口翻至正面。

18　取一团棉花分两半，分别塞入两边的脚。

19 再取一大团棉花滚圆，塞入身体。

20 上方返口用平针缝缝合。

21 拉紧用缩口缝缝合，收口处交叉十字缝合固定。

22 将头和身体用珠针固定，用藏针缝缝合，完成羊咩咩的头和身的组合。

23 粉色棉袜剪出1片长椭圆形。

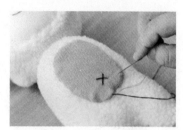

24 将粉色椭圆片用珠针固定在身体中间，用藏针缝缝合，缝到底部时留一个小缺口，暂时停针。

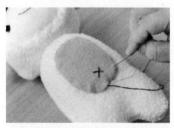

25 取另一组针线，从缺口插入针线，从肚子里面出针，缝上交叉的X形肚脐，打结后再继续将肚子缺口用藏针缝缝合。

26 手布正面相对对折，用回针缝缝合，下方留返口。

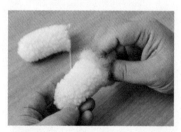

27 从返口翻至正面，塞入棉花。

28 将两只手用珠针固定在身体两侧，用藏针缝缝合固定。

29 缎带交叠出蝴蝶结，用线绑紧后缝上身体。

30 完成羊咩咩立偶。

▶▶▶page.81 # 粉红猪立偶
☆符号表示可依附录纸型裁剪

>>**材料准备**

☆身体→颗粒布	2片	
☆手→颗粒布	2片	
☆耳朵→颗粒布	2片	
☆鼻子→颗粒布	2片	
身体→绒毛布	2片	
脸→黄色棉袜	1只	
肚子→白色棉袜	1只	
头→颗粒布	10cm×40cm×1片	
头发→咖啡色不织布	10cm×4cm ×1片	
黑色珠珠	2颗	
黑色钮扣	2颗	
缎带	30cm	
棉花	适量	

How to make ·······································

1 依纸型备好所需材料。

2 取一大团棉花滚圆，塞入黄色棉袜里。

3 将下方多余袜子拉平，剪掉，用缩口缝缝合。

4 取头部长条颗粒布，盖住脸的缩口处，包住脸的一半，用珠针固定。

5 脸和头部颗粒布接触面用藏针缝缝合。

6 将长条颗粒布交接处用藏针缝接合。

7　抓量出头部后方颗粒布的大小，将缺口多出来的布边剪掉。

8　再将后方缺口用藏针缝缝起来，完成头围制作。

9　将咖啡色不织布剪成喜欢的刘海形状，用保丽龙胶水粘在脸上。

10　在步骤3剩余的黄色袜子上按照耳朵颗粒布描出2片耳朵袜片，剪下备用。

11　各取1片耳朵颗粒布和1片耳朵袜片，正面相对，用回针缝缝Ｖ形，留返口翻至正面。

12　耳朵用珠针固定在头部两侧，用藏针缝缝合固定。

13　缝合耳朵后打结，线不剪断，将耳朵拉下来缝两次固定在头上，表现猪耳朵的垂耳状。

14　将2片鼻子布正面相对，用回针缝缝Ｃ形，留下方返口，线不打结也不剪断。

15　从返口处翻至正面，用藏针缝将返口缝合。

16　将小猪鼻子放在头顶，用珠针穿入黑色钮扣，插在头的顶部固定。

17　缝合黑色钮扣的同时，将鼻子一起回缝固定在头顶上，取出珠针。

18　用水消笔画出眼睛记号点，从底部入针，在记号点出针后穿入珠珠，再从记号边入针，在另一侧记号点出针，穿入珠珠再从记号边入针，来回对缝两次拉紧，让眼珠凹进去，由头下出针打结。

19　用水消笔在脸上画出微笑嘴巴。

20　用回针缝缝出嘴巴形状，完成粉红猪的头部。

21　身体布正面相对，上方留返口，用回针缝缝合两侧和下身。

22　从返口翻至正面，取一团棉花分两半，分别塞入两边的脚。

23　再取一大团棉花滚圆，塞入身体。

24　上方返口用平针缝缝合，拉紧用缩口缝缝合，收口交叉十字缝合固定。

25 将头和身体用珠针固定，用藏针缝缝合，完成粉红猪的头和身的组合。

26 白色棉袜剪出1片长椭圆形。

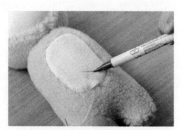

27 将白色椭圆片用珠针固定在身体中间，用藏针缝缝合，缝到底部时留一个小缺口，暂时停针，用水消笔做肚脐记号。

28 取另一组针线，从缺口插入针线，由肚子里面出针，缝上交叉的X形肚脐，打结后再继续将肚子缺口用藏针缝缝合。

29 手布正面相对对折，用回针缝缝合，下方留返口。

30 从返口翻至正面，塞入棉花。

31 将两只手用珠针固定在身体两侧，用藏针缝缝合固定。

32 缎带交叠出蝴蝶结，用线绑紧后缝在身体上。

33 完成粉红猪立偶。

W ▶▶▶page.81
帅气袜豆猴

>>材料准备

头和身体→咖啡色毛袜	1双
衣服→条纹棉袜	1只
脸→黄色棉袜	1只
钮扣	2颗
黑色珠珠	2颗
棉花	适量

How to make

1　准备好所需材料。

2　取一大团棉花滚圆。

3　把棉花塞入黄色棉袜里。

4　将下方多余袜子拉平，剪掉。

5　缺口处用平针缝缝一圈，拉紧用缩口缝缝合，收口时交叉十字缝合固定。

6　取一只咖啡色毛袜，剪下前半部分。

7　将剪下的前半部分包住黄色棉球，用珠针固定出猴子脸型。

8　用藏针缝缝一圈固定。

9　将步骤5中剩余的咖啡色毛袜，剪下半圆形，裁开成2片。

10　在步骤4剩余的黄色袜子上按照步骤9中的半圆描出2片耳朵棉袜片，剪下备用。

11　各取1片耳朵毛袜片和棉袜片，正面相对，用回针缝缝U形，留返口翻至正面。

12　缝好两只耳朵。

13　从返口塞入适量棉花。

14　将耳朵用珠针固定在头的两侧，用藏针缝缝合。

15　用水消笔画出眼睛、鼻子、嘴巴。

16　从底部入针，从眼睛记号点出针后穿入珠珠，然后从记号边入针，从另一侧记号点出针，穿入珠珠再从记号边入针，来回对缝两次拉紧，让眼珠凹进去，由头的下方出针打结。

17　取咖啡色线，沿着记号缝上鼻子和嘴巴。

18　另一只没剪过的毛袜，从袜口中间剪开一直线。

19　翻至背面，剪开的部分当脚，用回针缝缝合。

20　将记号线外多余的边角布剪掉，要留缝份，避免塞入棉花爆开。

21　剪去袜子前方约 1/3 段，开口即为返口。

22　从返口翻至正面，取一团棉花分两半，各塞入两边的脚。

23　再取一大团滚圆棉花塞入身体。

24　上方返口用平针缝缝一圈，拉紧用缩口缝缝合，收口交叉十字缝合固定。

25 将头和身体用珠针固定。

26 用藏针缝缝合，完成头和身的组合。

27 取条纹棉袜，剪下脚踝段。

28 将松紧带的一端朝上，套入身体当衣服。

29 衣服下方用藏针缝缝一圈收边固定。

30 身体前、后用水消笔各画两条线。

31 用回针缝来回对缝，拉紧让两只手形呈现出来。

32 在衣服正面用水消笔画出钮扣位置，缝上两颗钮扣装饰。

33 完成帅气袜豆猴。

S ▶▶▶page.79 俏丽趴趴狗

▶▶▶page.79

>>材料准备

头和身体→黄色棉袜	1双	
耳朵→白色棉袜	1只	
裤子→桃色棉袜	1只	
鼻子→黑色圆型棉袜	1片	
黑色珠珠	2颗	
棉花	适量	

How to make

1　准备好所需材料。

2　取一大团绵花滚圆，塞入黄色棉袜里。

3　将下方多余袜子拉平，剪掉。

4　缺口处用平针缝缝一圈，拉紧用缩口缝缝合，收口交叉十字缝合固定。

5　在步骤3剩余黄色棉袜上画出耳朵形状，剪下2片。在白色棉袜上按照黄色耳朵的大小，剪下2片。

6　各取1片黄色耳朵和白色耳朵，正面相对，用回针缝缝U形，留返口翻至正面。

7　缝好两只耳朵。

8　从返口塞入适量棉花。

9　将耳朵用珠针固定在头的两侧。

10　用藏针缝缝合固定两只耳朵。

11　黑色棉袜剪出圆形，用平针缝缝一圈塞入适量棉花。

12　拉紧缝线并用缩口缝，交叉十字缝合固定打结。

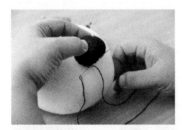

13　鼻子用珠针固定在头部最前端，用藏针缝缝合固定，线打结后不剪断。

14　用水消笔画出眼睛记号点。

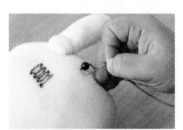

15　步骤13中的针从头部下方穿出，再从下方入针，在记号点出针穿入珠珠，再从记号边入针。

16 在另一侧记号点出针，穿入珠珠再从记号边入针，来回对缝两次拉紧，让眼珠凹进去，由头下出针打结。

17 完成趴趴狗的头部制作。

18 取另一只黄色棉袜，用水消笔画上记号线，先从中间虚线剪开，翻至反面。

19 前脚按照水消笔的记号用回针缝缝合。

20 将记号线外多余的边角布剪掉，要留缝份，避免塞入棉花爆开。

21 后脚同样用回针缝缝合，但中间要留返口，缝完从返口翻至正面。

22 取一团棉花分两半，分别塞入两只前脚。

23 再取一大团棉花滚圆塞入身体。

24 最后塞满后脚，用藏针缝缝合返口。

25 取桃色棉袜，剪一段长方形备用。

26 翻至反面，取一边剪一小段直线。

27 用回针缝缝合U形记号线。

28 翻至正面，从后脚套入身体。

29 用藏针缝缝合后脚裤子接口。

30 身体和裤子接口处也用藏针缝缝合。

31 接着将头和身体用珠针固定，用藏针缝缝两圈（内圈和外圈），避免重心不稳。

32 取步骤15剩余的桃色棉袜剪出小长方形，翻至背面，用回针缝缝合，预留返口。

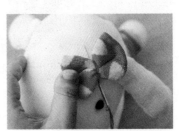

33 从返口翻至正面，用藏针缝缝合返口，中间用线拉紧，做出小蝴蝶结，缝在头顶做装饰。

34 完成趴趴狗。